BEI GRIN MACHT SICH IHR WISSEN BEZAHLT

- Wir veröffentlichen Ihre Hausarbeit, Bachelor- und Masterarbeit

- Ihr eigenes eBook und Buch - weltweit in allen wichtigen Shops

- Verdienen Sie an jedem Verkauf

Jetzt bei www.GRIN.com hochladen und kostenlos publizieren

Henriette Smoleski

Unterrichtsstunde: Zufall und Wahrscheinlichkeit

Das Würfeln mit zwei Würfeln

GRIN Verlag

Bibliografische Information der Deutschen Nationalbibliothek:

Die Deutsche Bibliothek verzeichnet diese Publikation in der Deutschen Nationalbibliografie; detaillierte bibliografische Daten sind im Internet über http://dnb.d-nb.de/ abrufbar.

Dieses Werk sowie alle darin enthaltenen einzelnen Beiträge und Abbildungen sind urheberrechtlich geschützt. Jede Verwertung, die nicht ausdrücklich vom Urheberrechtsschutz zugelassen ist, bedarf der vorherigen Zustimmung des Verlages. Das gilt insbesondere für Vervielfältigungen, Bearbeitungen, Übersetzungen, Mikroverfilmungen, Auswertungen durch Datenbanken und für die Einspeicherung und Verarbeitung in elektronische Systeme. Alle Rechte, auch die des auszugsweisen Nachdrucks, der fotomechanischen Wiedergabe (einschließlich Mikrokopie) sowie der Auswertung durch Datenbanken oder ähnliche Einrichtungen, vorbehalten.

Impressum:

Copyright © 2012 GRIN Verlag GmbH
Druck und Bindung: Books on Demand GmbH, Norderstedt Germany
ISBN: 978-3-656-29891-5

Dieses Buch bei GRIN:

http://www.grin.com/de/e-book/203648/unterrichtsstunde-zufall-und-wahrscheinlichkeit

GRIN - Your knowledge has value

Der GRIN Verlag publiziert seit 1998 wissenschaftliche Arbeiten von Studenten, Hochschullehrern und anderen Akademikern als eBook und gedrucktes Buch. Die Verlagswebsite www.grin.com ist die ideale Plattform zur Veröffentlichung von Hausarbeiten, Abschlussarbeiten, wissenschaftlichen Aufsätzen, Dissertationen und Fachbüchern.

Besuchen Sie uns im Internet:

http://www.grin.com/

http://www.facebook.com/grincom

http://www.twitter.com/grin_com

Unterrichtsentwurf im Fach Mathematik
Zweite Staatsprüfung für das Lehramt der Grund- und Hauptschullehrerin in Schleswig-Holstein

Lehrkraft im Vorbereitungsdienst:
Ausbildungsschule:
Schulleiterin:
Studienleiterin:
Ausbildungslehrkraft:
Klasse:
Datum:
Zeit: 9:40 – 10:40 Uhr

Thema der Unterrichtseinheit:	Wahrscheinlichkeiten von Ereignissen in Zufallsexperimenten
Thema der Unterrichtsstunde:	Würfeln mit zwei fairen Würfeln

Curriculare Einordnung der Stunde in die Unterrichtseinheit:

1. Stunde:	Münzwurf
2. Stunde:	So ein Zufall?!
3./4. Stunde:	Urnenaufgaben
5. Stunde:	Sching-Schang-Schong
6. Stunde:	Würfeln mit einem Würfel
7. Stunde:	**Würfeln mit zwei fairen Würfeln**
8. Stunde:	Freiarbeit zum Thema Wahrscheinlichkeit
9./10. Stunde:	Herstellung und Analyse eigener Spiele zum Thema Wahrscheinlichkeit

Intention der Stunde: Die SuS setzen sich handlungsorientiert mit den Ereignissen eines Spiels mit zwei Würfeln auseinander und überlegen sich gerechte Spielregeln.

In den folgenden Bereichen wird eine Kompetenzerweiterung angestrebt:

Allgemein mathematische Kompetenzen:
Schülerinnen und Schüler...

- suchen während der Arbeitsphase und der Reflexion nach Lösungsmöglichkeiten für das Einstiegsproblem (Problemlösen, Argumentieren). *[A1]*
- übertragen ihre Feststellungen in ein Säulendiagramm (Darstellen). *[A2]*
- erläutern die Problematik der Spielregeln (Argumentieren). *[A3]*
- würfeln und übertragen die Ergebnisse in eine Strichliste (Darstellen). *[A4]*
- besprechen in der Arbeitsphase verschiedene Möglichkeiten (Kommunizieren). *[A5]*
- entnehmen dem Säulendiagramm relevante Informationen (Modellieren). *[A6]*
- überlegen sich eigene Spielregeln nach mathematisch gerechten Maßstäben (Modellieren). *[A7]*

Inhaltsbezogene mathematische Kompetenzen:
Schülerinnen und Schüler...

- trainieren die Grundbegriffe der Wahrscheinlichkeitsrechnung und schätzen die Gewinnchancen beim Würfeln mit 2 Würfeln ein.
  (Wahrscheinlichkeiten von Ereignissen in Zufallsexperimenten vergleichen) *[I1]*
- sammeln die Daten des Würfelwurfs und strukturieren sie in Tabellen und Säulendiagrammen.
  (Daten erfassen und darstellen) *[I2]*

1. Lernausgangslage

Seit dem zweiten Halbjahr der ersten Klasse unterrichte ich die Klasse 2 mit den Fächern Mathematik und x. Die Klassengemeinschaft besteht aus 18 Schülern,[1] von denen fünf Kinder einen sonderpaedagogischen Förderbedarf haben und ein Kind präventiv gefördert wird. Bei diesen Schülern stehen das handlungsorientierte Vorgehen sowie die Darstellung der Augensummen in einer Tabelle und einem Säulendiagramm im Vordergrund. Sie erhalten differenziertes Material. Zusätzlich unterstützen sie in der Gruppenarbeitsphase andere Schüler.
Die Klasse zeigt überwiegend ein motiviertes Arbeitsverhalten. In den ersten Stunden der Einheit wurden die Schüler mit verschiedenen Aufgaben und Begrifflichkeiten zum Thema „Zufall und Wahrscheinlichkeit" vertraut gemacht. Eine dieser Aufgaben war das Würfeln mit einem Würfel, bei der die Schüler die gleiche Wahrscheinlichkeit des Wurfs der Zahlen 1 bis 6 festgestellt haben. Die Schwierigkeiten in dieser Stunde bestehen in der Kombination zweier Würfel und der Interpretation des Säulendiagramms.

2. Didaktisch-methodische Überlegungen

Den Schülern begegnen Zufallsexperimente in ihrem Alltag, wobei diese oft nicht als solche wahrgenommen werden. Die Schüler versuchen ihrer Umwelt selbstständig Strukturen zu geben und bauen auf diese Weise oft Fehlvorstellungen auf.[2] In der Grundschule sollte diesen Fehlvorstellungen entgegengewirkt werden, damit die Schüler alltägliche Situationen besser verstehen können. Mit dem Thema „Zufall und Wahrscheinlichkeit" lernen die Schüler ihre Gewinnchancen abzuschätzen und vorgelegte Behauptungen kritisch zu prüfen und zu bewerten.[3]
Die Bildungsstandards im Fach Mathematik verlangen, dass der Unterricht Alltagserfahrungen der Kinder aufgreifen und vertiefen soll. Zufallsexperimente wie Würfelspiele erfüllen diese Forderung.[4]
Das Einschätzen von Gewinnchancen bei Zufallsexperimenten gehört zugleich zu den inhaltsbezogenen mathematischen Kompetenzen, die von den Schülern in der Grundschule zu erwerben sind.[5]
In der vorliegenden Unterrichtsstunde geht es um die Festigung von Grundbegriffen der Wahrscheinlichkeit, sowie einer enaktiven Auseinandersetzung mit einer vorgegebenen Problemstellung. Um den Schülern die Problematik näher zu bringen, beginne ich mit dem Wurmspiel. Hierzu werden die Schüler in zwei Gruppen geteilt, wobei eine Gruppe wesentlich höhere Gewinnchancen hat als die andere. Durch das Spiel werden die Schüler motiviert sich mit der Problematik auseinanderzusetzen. Um eigene Vermutungen bei den Schülern anzuregen, sollen diese in Einzelarbeit zwei Würfel werfen. Das Zusammentragen einzelner Ergebnisse bietet den Schülern Kommunikationsanlässe, in denen sie sich über ihre Annahmen austauschen können. In der nächsten Phase sollen die Vermutungen auf der Grundlage eines kombinatorischen Vorgehens begründet werden. Hierzu wird gemeinsam ein Fallbeispiel im Unterrichtsgespräch erarbeitet. Anschließend sollen die Schüler zunächst selbstständig, anschließend in der Gruppe Möglichkeiten für weitere Augensummen herausfinden. Hierbei sind die Arbeitsbögen nach dem Leistungsniveau der Schüler differenziert. Die Regelschüler wählen den Schwierigkeitsgrad ihres Arbeitsbogens selbstständig aus.
Um die Ergebnisse zu vergleichen und auszuwerten, werden diese an der Tafel in einem Säulendiagramm gesammelt. Anhand des Säulendiagramms findet eine Auswertung der Ergebnisse statt und ein Bezug zur Problematik des Einstiegs wird genommen. Hierzu sollen die Schüler auf der Grundlage ihres Erkenntniszuwachses neue Regeln für ein gerechtes Wurmspiel formulieren.

---

[1] Aus Gründen der Lesbarkeit verwende ich im Folgenden Stellvertretend für beide Genera nur die männliche Form.
[2] Zum Beispiel: gerade fiel dreimal die Sechs, also ist das ein Sechserwürfel.
[3] Vgl. Eichler, Klaus-Peter: Wahrscheinlich kein Zufall, Westermann Praxis Grundschule (Hrsg., 3, 2010), S. 7.
[4] Vgl. Bildungsstandards im Fach Mathematik für den Primarbereich (Hrsg., 2004), S 6.
[5] Vgl. Ebd., S 11.

Zeit	Phase	Interaktion	Intention	Medien/ Sozialform
5' (9.40 – 9.45)	Begrüßung	- LiV begrüßt die SuS. - Der Fahrplan wird besprochen. - SuS kommen in den Kinositz.	Transparenz für den Stundenverlauf wird geschaffen.	Tafel, Piktogramme
10' (9.45 – 9.55)	Einführung	- SuS äußern sich zu dem Wurm an der Tafel. - SuS nennen die möglichen Ergebnisse des Wurfs mit zwei Würfeln. - Zwei Gruppen spielen das „Wurmspiel". Die Ergebnisse werden in einer Tabelle an der Tafel gesammelt. SuS äußern sich. - LiV erläutert den Arbeitsauftrag. SuS wiederholen diesen. - SuS verlassen den Kinositz.	Motivation wird geschaffen, indem die SuS mit einem „ungerechten" Spiel konfrontiert werden. *[I1]*	Tafel, große Würfel (blau, rot), Wurm, 2 Spielfiguren, Vorlage für eine Tabelle/ Unterrichtsgespräch
10' (9.55 – 10.05)	Erarbeitung 1	- SuS spielen das Wurmspiel und halten ihre Ergebnisse in der Tabelle fest.	SuS bestätigen oder widerrufen aufgrund eines Probiervorgangs ihre Vermutungen. *[A4]*	Arbeitsbogen/ Partnerarbeit
	Sicherung	- Einige Ergebnisse werden gesammelt und Vermutungen formuliert.	SuS formulieren neue Erkenntnisse, die sie in der Gruppenarbeit aufgreifen können. *[A3, I1]*	Vorlage der Tabelle, Folienstift/ Unterrichtsgespräch
20' (10.05 – 10.25)	Erarbeitung 2	- Die Möglichkeiten eine 4 zu würfeln werden gesammelt und an der Tafel festgehalten. - LiV erläutert den Arbeitsauftrag und ein S. wiederholt diesen. - LiV visualisiert den Arbeitsauftrag. - SuS beginnen mit der Einzelarbeit. - LiV gibt den SuS Hilfestellungen. - LiV gibt ein akustisches Signal und leitet zur Gruppenarbeitsphase über. - SuS tragen ihre Ergebnisse an der Tafel zusammen.	SuS werden mit dem Vorgehen in der Gruppenarbeit vertraut gemacht. SuS setzen sich enaktiv mit der Fragestellung auseinander. *[A1,A2,A5, I2]*	Arbeitsbögen, Würfelbilder Managerkarten/ Einzelarbeit, Gruppenarbeit
15' (10.25 – 10.40)	Präsentation/ Reflexion	- SuS vervollständigen ggf. das Tafelbild und nehmen Stellung zu den Ergebnissen. - SuS formulieren und begründen „gerechte" Regeln für das „Wurmspiel". - SuS kommen in den Sitzkreis und spielen das „Wurmspiel" mit veränderten Spielregeln. - SuS reflektieren, mit Hilfe der Reflexionskarte, die Stunde.	SuS setzen sich mit den Inhalten der Stunde auseinander. *[A1,A3,A6, A7]*	Tafel, Wurm, Würfel, Spielfiguren, Reflexionskarte/ Unterrichtsgespräch

Tafelbild Mathe

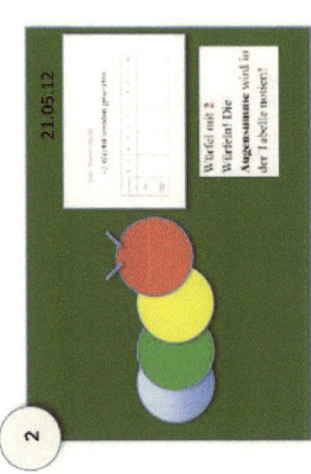

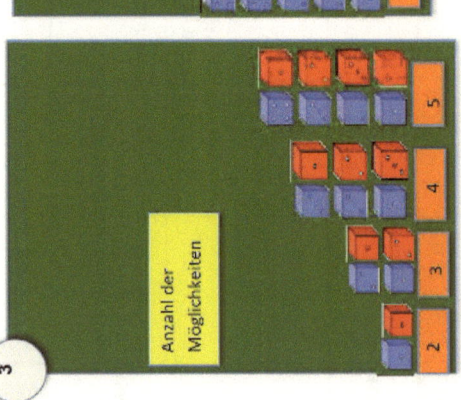

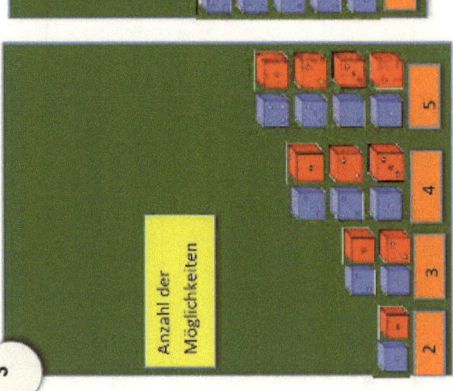

Sitzplan der Klasse 2

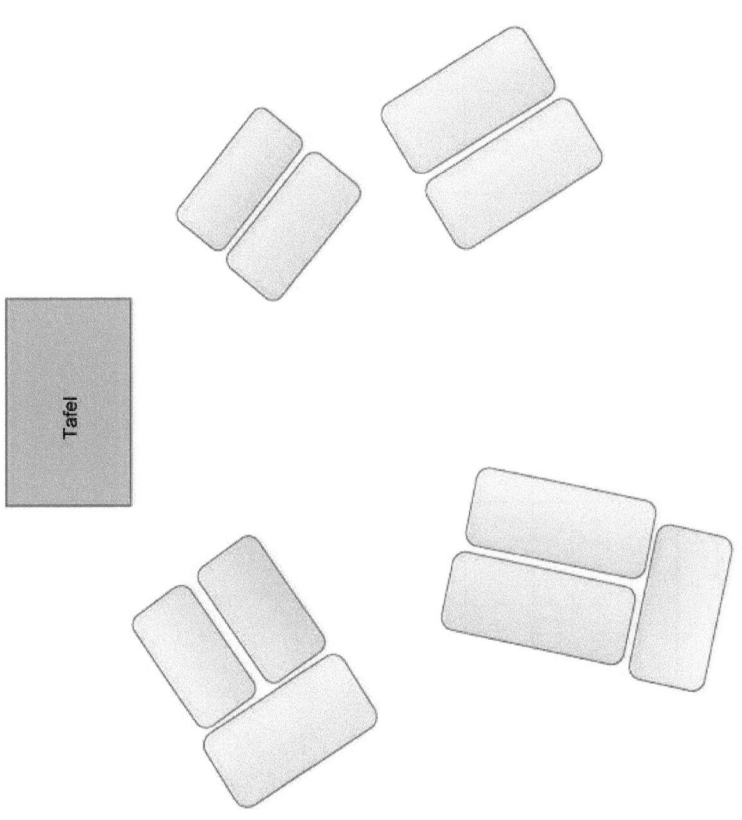

		Name:
		Datum:

Zwei Würfel werden geworfen 1

Aufgabe: Immer 2 Würfel. Trage die Ergebnisse in die Tabelle ein!

Augensumme	2	3	4	5	6	7	8	9	10	11	12
Striche											
Anzahl											

Welche Zahl hast du am häufigsten gewürfelt? _____

Welche Zahl hast du am seltensten gewürfelt? _____

Möglichkeiten								Würfel-farbe	Augen-summe
									2
									3
									4
									5
									6
									7

								8
								9
								10
								11
								12

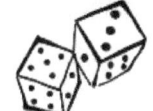

	Zwei Würfel werden geworfen **	Name:
		Datum:

1. Aufgabe: Welche verschiedenen Möglichkeiten gibt es, die Augensummen zu würfeln? Fülle die Tabelle aus!

Anzahl der Möglichkeiten											
7											
6											
5											
4											
3											
2											
1											
Würfel											
Augen-summe	2	3	4	5	6	7	8	9	10	11	12

2. Aufgabe: Beim Würfeln mit zwei Würfeln ist es unwahrscheinlicher die Augensumme 2 oder 12 zu würfeln, als die Augensumme ___ Woran liegt das?

_____
_____
_____
_____

3. Aufgabe: Kreise die Zahl, die wahrscheinlich häufiger gewürfelt wird, ein!

12   oder   6   4   oder   8   2   oder   12

2   oder   3   7   oder   12   6   oder   8

	Zwei Würfel werden geworfen ***	Name:
		Datum:

1. Aufgabe: Welche verschiedenen Möglichkeiten gibt es, die Augensummen zu würfeln? Fülle die Tabelle aus!

Anzahl der

	7																				
	6																				
	5																				
	4																				
	3																				
	2																				
	1																				
Würfel	☐☐	☐☐	☐☐	☐☐	☐☐	☐☐	☐☐	☐☐	☐☐	☐☐	☐☐	☐☐	☐☐	☐☐	☐☐	☐☐	☐☐	☐☐	☐☐	☐☐	☐☐
Augen-summe																					

2. Aufgabe: Beim Würfeln mit zwei Würfeln ist es unwahrscheinlicher die Augensumme 2 oder 12 zu würfeln, als die Augensumme ___ Woran liegt das?

_____

_____

_____

3. Aufgabe: Kreise die Zahl, die wahrscheinlich häufiger gewürfelt wird, ein!

12   oder   6   4   oder   8   2   oder   12

2   oder   3   7   oder   12   6   oder   8

Aufgabe der Gruppe 1

Findet alle Möglichkeiten eine 2 und eine 7 zu würfeln!

Schreibt die Möglichkeiten auf das Arbeitsblatt!

Aufgabe der Gruppe 2

Findet alle Möglichkeiten eine 8 und 9 zu würfeln!

Schreibt die Möglichkeiten auf das Arbeitsblatt!

Aufgabe der Gruppe 3

Findet alle Möglichkeiten eine 10, 11 und 12 zu würfeln!

Schreibt die Möglichkeiten auf das Arbeitsblatt!

Aufgabe der Gruppe 4

Findet alle Möglichkeiten eine 3, 5 und 6 zu würfeln!

Schreibt die Möglichkeiten auf das Arbeitsblatt!

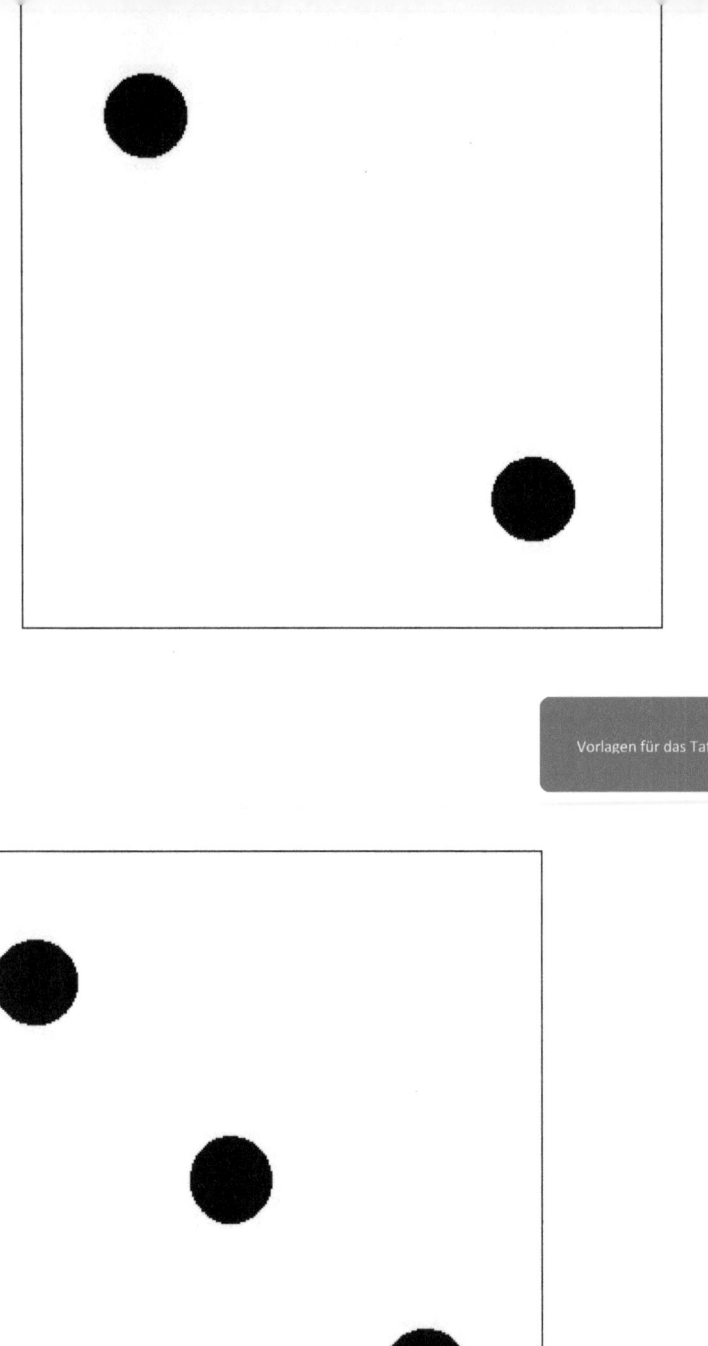

Vorlagen für das Tafelbild

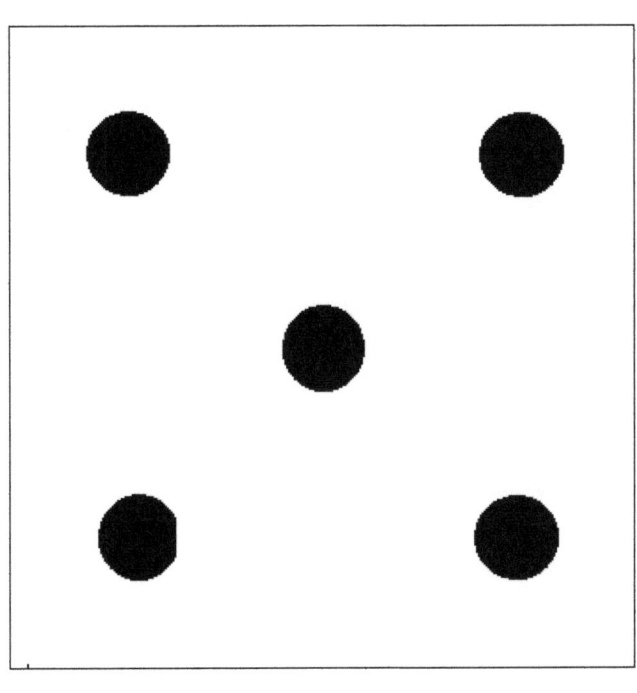
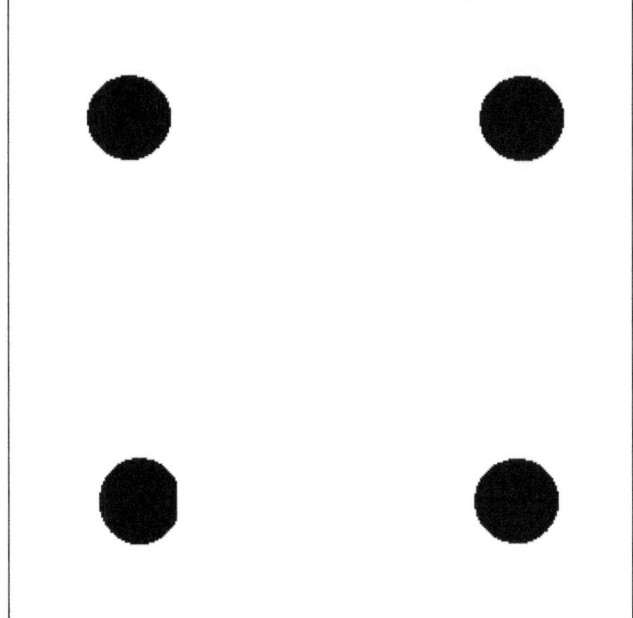

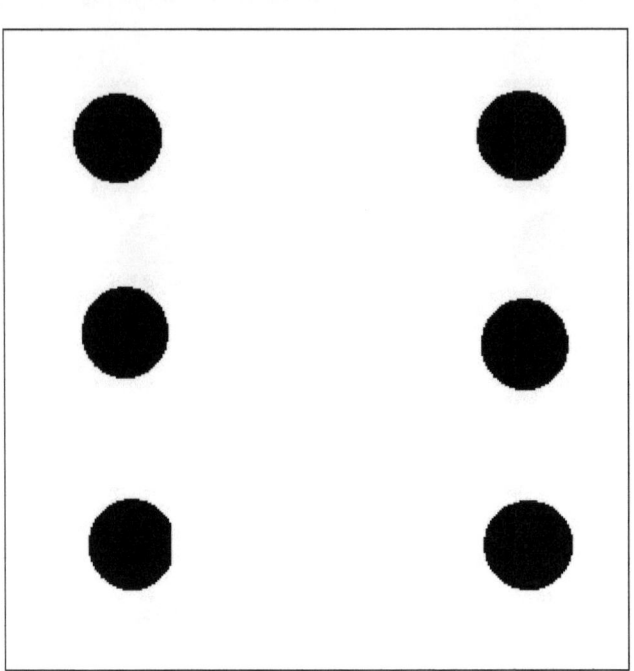
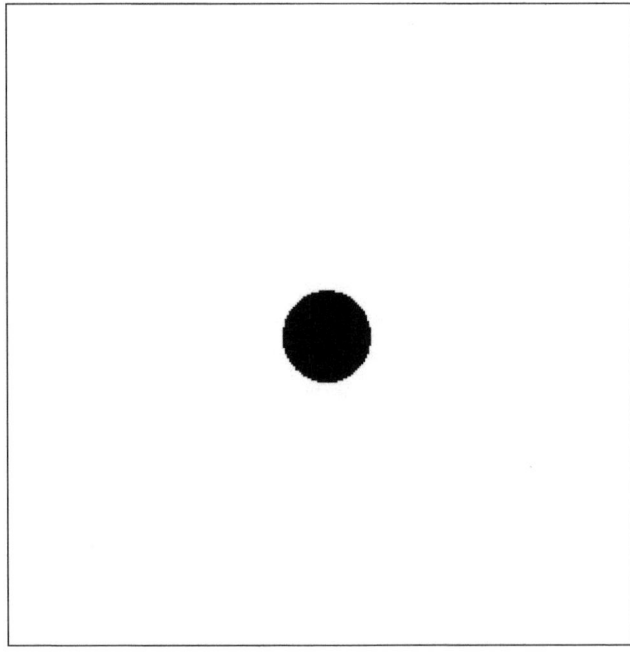

Würfel mit 2 Würfeln! Die Augensumme wird in der Tabelle notiert!

Finde verschiedene Möglichkeiten die Augensummen 2 – 12 zu würfeln!

7 Minuten

Findet alle Möglichkeiten die Augensummen der **Aufgabenkarte** zu würfeln!

7 Minuten

Das Wurmspiel

-2 Würfel werden geworfen

Augensumme	2	3	4	5	6	7	8	9	10	11	12
Striche											
Anzahl der Striche											

2 Würfel werden geworfen!

Die Augensumme wird in der Tabelle notiert!

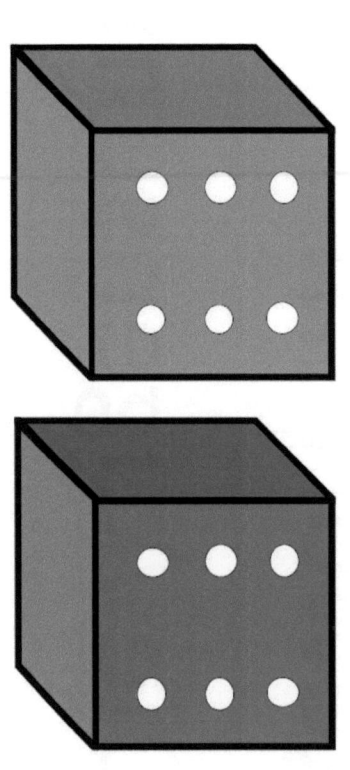

1. Finde alle Möglichkeiten heraus die Zahlen zu würfeln.

8 Minuten!

2. Besprecht und vervollständigt eure Ergebnisse in der Gruppe!

8 Minuten!

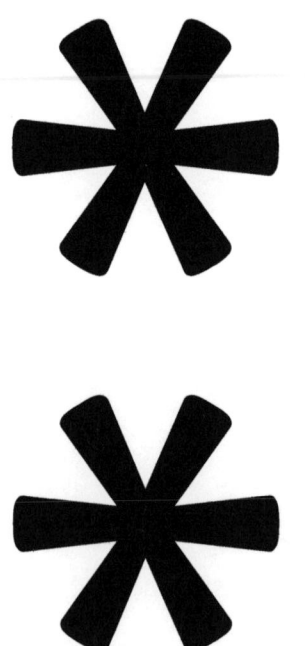

* * *